科学探秘
培养儿童科学基础素养

了解江河
朋友们的冒险

温会会 / 文　曾平 / 绘

浙江摄影出版社

全国百佳图书出版单位

森林深处，住着小兔子、小鸭子和小麻雀。

小兔子喜欢在草地上蹦跳，小鸭子喜欢在小溪里游泳，小麻雀喜欢在树枝上飞舞。

他们三个经常聚在一起，是相亲相爱的好朋友。

3

这一天，三个好朋友在小溪边聊天。

4

　　"我听说，大河又长又宽！"小麻雀说。

　　"哇，真的吗？"小鸭子问。

　　"要不，我们一起去看大河吧！"小兔子说。

　　小兔子、小鸭子和小麻雀乘着竹筏，开始他们的冒险之旅。竹筏顺流而下，进入陡峭的河谷，摇摇晃晃地前进着。

　　"小心！四周有尖尖的岩石。"小麻雀说。

　　"哎呀，水流得太快了！"小兔子说。

突然，天空下起了倾盆大雨。

"哗啦哗啦……"

溪水涨起来了，水流冲刷着两岸的岩石，向前奔跑。

"嘭！"

不好了，竹筏撞到了一块大石头，瞬间散开了！

小麻雀受到了惊吓，往空中飞去。小兔子和小鸭子掉到水里，被湍急的水流卷走了。

不一会儿，雨停了。
浑身湿漉漉的小麻雀沿着小溪飞来飞去，
着急地寻找着失散的小伙伴。

　　小溪流过陡峭的地方，来到了平坦的地方。
　　看，原本蜿蜒曲折的小溪变直变宽了，变成了大河。
　　"小兔子，小鸭子，你们在哪里？"小麻雀大声喊。

15

　　小兔子紧紧地抱着一根木头，在河面上漂浮着。

　　她听到了小麻雀的呼唤，激动地喊："小麻雀，我在这儿！"

不一会儿，小麻雀又发现了小鸭子熟悉的身影。

刚才，在湍急的水流中，小鸭子翻了好几个大跟头！此刻，他正趴在河岸边，累得气喘吁吁。

　　在小麻雀的指挥下，小兔子小心翼翼地
控制着木头，向小鸭子的方向靠近。

　　终于，在河岸边的草丛里，三个好朋友
重新团聚。

　　"哈哈哈……"

笑声引来了一只美丽的白鹭。

听说小兔子、小鸭子和小麻雀为了看大河而冒险，
白鹭十分佩服他们的勇气。

"我背你们去看大河吧！"白鹭说。

小兔子、小鸭子和小麻雀坐在白鹭的背上，飞向了高空。

"哇，大河好长呀！"小鸭子说。

"河面也很宽，两岸有松软的沙滩。"小兔子说。

"天啊，河又变宽了！"小麻雀兴奋地说。

"那是因为河流汇入海洋，变成了大海。"白鹭笑着说。

责任编辑　陈　一
文字编辑　徐　伟
责任校对　朱晓波
责任印制　汪立峰

项目设计　北视国

图书在版编目（CIP）数据

了解江河 ： 朋友们的冒险 / 温会会文 ； 曾平绘
. -- 杭州 ： 浙江摄影出版社，2022.8
（科学探秘·培养儿童科学基础素养）
ISBN 978-7-5514-4039-4

Ⅰ．①了… Ⅱ．①温… ②曾… Ⅲ．①河流—儿童读
物 Ⅳ．① P941.77-49

中国版本图书馆 CIP 数据核字 (2022) 第 127789 号

LIAOJIE JIANGHE : PENGYOUMEN DE MAOXIAN

了解江河：朋友们的冒险

（科学探秘·培养儿童科学基础素养）

温会会 / 文　曾平 / 绘

全国百佳图书出版单位
浙江摄影出版社出版发行
　　　地址：杭州市体育场路 347 号
　　　邮编：310006
　　　电话：0571-85151082
　　　网址：www. photo. zjcb. com
制版：北京北视国文化传媒有限公司
印刷：唐山富达印务有限公司
开本：889mm×1194mm　1/16
印张：2
2022 年 8 月第 1 版　　2022 年 8 月第 1 次印刷
ISBN 978-7-5514-4039-4
定价：39.80 元